U0029734

# 超療癒！

每天十分鐘，輕鬆按按保平安

JIN SHIN JYUTSU: HEILSTRÖMEN FÜR HUNDE

# 狗兒健康按握術

TINA STÜMPFIG-RÜDISSER

作者—蒂娜‧史丁皮格‧盧汀瑟

超療癒！狗兒健康按握術 —— 每天十分鐘，輕鬆按按保平安
Jin Shin Jyutsu: Heilströmen für Hunde

| | |
|---|---|
| 作者 | 蒂娜 · 史丁皮格 · 盧汀瑟（Tina Stümpfig-Rüdisser） |
| 譯者 | 管中琪 |

| | |
|---|---|
| 總編輯 | 瞿欣怡 |
| 編輯協力 | 郝力之 |
| 美術設計 | 林宜賢 |

| | |
|---|---|
| 社長 | 郭重興 |
| 發行人兼出版總監 | 曾大福 |

| | |
|---|---|
| 出版者 | 小貓流文化 |
| 發行 | 遠足文化事業有限公司 |

| | |
|---|---|
| 地址 | 231 新北市新店區民權路 108-4 號 8 樓 |
| 電話 | 02-22181417 |
| 傳真 | 02-22188057 |
| 客服專線 | 0800-221-029 |
| 郵政劃撥 | 帳號：19504465 戶名：遠足文化事業有限公司 |

| | |
|---|---|
| 法律顧問 | 華洋法律事務所／蘇文生律師 |

| | |
|---|---|
| 共和國網站 | www.bookrep.com.tw |
| 小貓流網站 | www.meoway.com.tw |
| ISBN | 978-986-96734-3-3 |

| | |
|---|---|
| 定價 | 380 元 |
| 初版 | 2019 年 4 月 |

Jin Shin Jyutsu: Heilströmen für Hunde
© 2016 Schirner Verlag. Darmstadt, Germany

國家圖書館出版品預行編目 (CIP) 資料

超療癒！狗兒健康按握術 / 蒂娜 . 史丁皮格 . 盧汀瑟 (Tina Stümpfig-Rüdisser) 著 ; 管中
琪譯 . -- 初版 . -- 新北市 : 小貓流文化出版 : 遠足文化發行 , 2019.04
　面 ; 　公分
譯自 : Jin shin jyutsu : Heilströmen für Hunde
ISBN 978-986-96734-3-3( 平裝 )
1. 狗 2. 寵物飼養 3. 按摩
437.354　　　　　　　　　　　　　　　　　　　　　　　　　　108003706

# 目　錄

許多人都知道仁神術的概念，就算沒聽過、沒有談論過也一樣。因為我們一生下來就具備了這種本能，並且在不知不覺中自然地運用。

思考時兩手支著頭，會活化大腦特定區域，幫助我們回想事情；小孩在學校經常把兩手坐在屁股下，這樣精神更能集中，聽課更專心，上課的內容也記得更清楚；嬰兒吸吮大拇指，是協調消化作用，因為大拇指連結了胃部的能量；雙手抱胸，會觸動肘部一個氣點，幫助我們展現權威與氣勢。相關的例子不勝枚舉。而本能把手放在自己或者動物身上的疼痛部位，也有安撫的效果。

每個人都懂得仁神術，我們需要練習的，是如何把它喚回來。

把手放在身體特定部位，就能再度平衡生命能量，啟動自我治療的力量，減輕疼痛、緩解症狀，甚至最後完全痊癒。能量流動提供了簡單又美好的機會，讓身心靈得以恢復平衡。

仁神術是種溫和的治療藝術，不僅適用於人，也適用於寶貝狗兒。

如果你的狗兒正在接受獸醫治療，或者等著動手術，可以運用仁神術幫助狗兒度過病痛，協助治療過程，甚或在手術後強化元氣，減少麻醉帶來的不適。

仁神術雖然能夠產生奇蹟，卻不是什麼神奇的治療方式。仁神術與感受、覺察、接受有關，也講求慈愛自己與你的狗兒。只要簡單按握，就能針對病症幫助狗兒。換句話說，也就是幫助牠啟動生命能量，促使能量和諧均勻、有力地流動。生命能量和諧流動，才能擁有健康與幸福。

不必等到狗兒出現症狀或是有了毛病才運用仁神術。平常固定花幾分鐘時間，幫助牠活化能量流，就能看見牠抵抗力增強，狀態也變得更加穩定。

仁神術是最佳的預防方法，無需花錢（如果你自己來的話），也不會耗費太多精力。能量流可自動強化你與狗兒的關係，讓你對牠有進一步的了解；也能幫助狗兒將更多注意力放在你身上，狗兒會更聽話，而不是只把你當成遛狗的主人。

你不需具備基礎知識，即可透過本書輕鬆學會運用仁神術這個神奇的方法。不過，基本上仁神術不單純只是一種方法喔。

接下來，請和你的狗兒一起享受仁神術這門藝術吧！

編按：「貓狗健康按握術」，源自於仁神術，並不能取代完整的醫療，若毛小孩身體不適，強烈建議您先帶毛小孩就醫確診並且診治，再佐以仁神術，讓牠身心舒適。

# 1

## 仁神術是什麼？

chapter

one

仁神術是種調和身體內在生命能量的古老藝術。生命能量和諧流動，人和動物便健康；能量路徑若是阻塞，身體就會不舒服或者出現輕微症狀；能量要是持續失衡，症狀會越來越明確，演變成慢性疾病，最後可能又再出現新的症狀。

療癒能量流這個溫和的藝術，自古以來便存在於不同的文化裡，用來療癒自己和他人，然而這些方法僅靠口耳相傳，所以逐漸遭人遺忘。所幸這份珍貴的知識在東方並未完全失傳，有個名叫村井次郎的日本人，在二十世紀初期重新找回這門珍貴的藝術，命名為「仁神術」，並將他傳給弟子。

「仁神術」由三個日文字組成：
仁（Jin）：慈悲的博學者
神（Shin）：造物主
術（Jyutsu）：藝術

**「仁神術」即為「造物主藉由慈悲的博學者所展現的藝術」。**

說得更口語些，仁神術就是種「療癒的能量流」，或說「能量流」，只要按住身體特定的能量氣點，就能讓生命能量再度順暢「流動」。只需要稍微練習，就可以感受這種流動。

健康、活力與幸福，必須仰賴全身暢行無阻、均勻流動的生命能量。只要生命能量沒有堵塞，在體內和諧流動，自我療癒力就會活躍旺盛，人和動物也會健康。

仁神術是在 26 個「安全能量鎖」上施作，那是身體能量高度集中的氣點，只要簡單用手按握，就能輕易疏通阻塞。安全能量鎖位於生命的能量路徑上，若是堵住了，將會阻斷相關區域內的能量流動，導致整體能量流動模式混亂無序，最後造成失調與疾病。

**只要將雙手放在特定的安全能量鎖上，就能幫助我們的寵物恢復身心靈和諧，消除阻塞，解除症狀。**

# 2
CHAPTER

# 仁神術施作方式

仁神術原本是為了療癒人類而又重新發現的,不過這個能量充沛的法則同樣適用於動物,也能施作在狗兒身上。狗兒的能量甚至比我們更容易流動,不只因為牠們的能量振動不同,或許更因為牠們不會給自己設下心理障礙。

對人施作仁神術時,啟動成人能量循環需約莫一個小時,小孩約莫需二十至三十分鐘。但是狗兒大概只需要十到十五分鐘,往往還更短。狗兒若是覺得可以了,會清楚讓你知道,牠會起身走開。有時候甚至只要流動幾分鐘,就會出現效果。

施作仁神術時,多半是按握身體上的兩個氣點,通常也就是兩個能量安全鎖。請將手指或手掌放在氣點上,直到生命能量開始順暢流動為止。你感覺得到流動,有點像發麻,也像內在的流動或者規律的脈動。每個人的感受或許有些許不同。

你只要按握這些氣點,其他什麼都不用做,不需要輸入自己的能量,只需把雙手當作所謂的「跨接線」,再度為「能量電池」充電,使生命能量充沛飽滿,流動通暢。在感受到規律均勻的流動或脈動之前,手指、指尖或者手掌請一直放在指定的氣點上。剛開始沒有經驗,或許不太容易察覺到這類流動或脈動,需要一點時間,才能專注心神、面對細膩的能量,更清楚地察覺到流動。

施作時間的長短，請根據以下基本原則：每個氣點按握大約三分鐘，便可移到下個氣點或進行下一個按握。如果只要按握一處，則可持續十到十五分鐘。

長一點的能量流，例如正中能量流是由七個步驟形成，每個按握兩分鐘便已足夠，這樣狗兒只要連續進行十五分鐘的能量流動。當然你也可以把流動順序分段，一天施作多次。

# 3

## 有效建議

能量流施作注意事項

。

放鬆自己

。

持續不懈

。

保持耐性

。

二十六個能量鎖

# 能量流施作注意事項

· 盡量營造寧靜氣氛，不受外界打擾。

· 事先餵飽狗兒，免得牠在操作時肚子餓，生理需求干
擾了寧靜。

· 先決定要施作的氣點或者能量流。你可以把手放在身
體一側，也可以兩側交互按握。

· 一開始先按住初次集中能量流的氣點（請見 33 頁）。

· 再把手或手指放在所選的能量氣點上。

· 請一直輕按著，直至感覺到穩定均勻的流動或脈動（每
個按握只要二到三分鐘）。

· 根據要對治的問題，每天施作二至三次，更多也行。
狗兒會讓你知道牠覺得怎麼樣最好。

· 大部分的疑難雜症，都有好幾種安全能量鎖或者能量
流施作可能，請多嘗試，看看哪種感覺最好。如果狗
兒不喜歡某一種按握，請換另外一種。

# 放鬆自己

仁神術施作時不花力氣,請無需緊張,更不必費力使勁。

仁神術非常簡單!你只要注意怎麼做能讓自己和毛小孩感覺舒適就行了。不要把注意力放在症狀上,只顧著要消除它,應該關注和諧與否,關注始終存在的生命能量。請你覺知這股生命的脈動。促進能量流動,可強化生命的脈動,讓創造、滋養與修復身體的能量流和諧均勻。

跟隨你的本能,走出自己的路。雙手放在不同的能量鎖上,靜待能量疏通。請注意:你不會做錯任何事的!如果狗兒覺得夠了,會清楚地讓你知道。

即使你不小心「按錯」氣點,也不會產生不良後果,頂多得花較長時間才會出現效果。

## 持續不懈

有嚴重失調、患有重症或慢性病的狗兒,更要經常促進能量流動。你可以每次只進行幾分鐘,一日多次經常疏通能量;或者一日一次,時間持續久一點。施作時,請以狗兒感覺舒適與否為主。

請記得,健康的狗兒也需要疏通能量。定期活化能量流動,狗兒才能進入深層放鬆狀態,全面休息療癒。

## 保持耐性

如果針對某個問題施作仁神術，一開始卻沒有出現任何變化，請稍安勿躁。身體總會先調整迫切需求的部分。也許你的狗兒施作後變得比較沉穩、比較放鬆，也或許忽然排除了另外的症狀。有時候即使我們毫無察覺，仁神術依然發揮作用。

不過，這不表示仁神術能夠取代醫師。狗兒生病、虛弱，或者受傷時，請你務必找醫生治療，再額外佐以能量流輔助。請不要感到負擔有壓力，要有信心，放鬆自己，享受與狗兒在一起的時光。

請期待施作仁神術的效果，有時候會很快出現，有時候則出現在意料之外的地方。每次能量流動後，會感覺更加調和，也同時強化了免疫系統，啟動自我療癒的能力。

## 二十六個能量鎖

能量鎖又稱安全能量鎖（Sicherheitsenergieschlosser，簡稱 SES）。就如前面提過的，能量鎖是身體上特定的氣點，能量高度集中在此。這個地方具有高傳導力，一經碰觸，就能把刺激傳入能量流與能量路徑。

二十六個安全能量鎖成雙對稱分布在身體兩側。

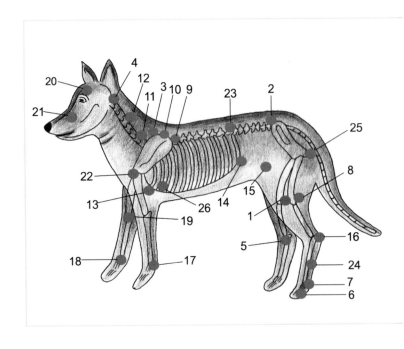

以下說明狗兒身上安全能量鎖的位置：

1　膝蓋內側

2　骨盆上端

3　肩胛骨上方與脊柱之間

4　顱底下方

5　腳踝內側

6　後腳掌底外側

7　腳掌內側

8　膝蓋外側

9　背部上端，肩胛骨下方
　　與脊柱之間

10　背部上端，肩胛骨中間
　　與脊柱之間

11　頸椎底部

12　脖子

13　胸部，約第三根肋骨高

14　身體中間，最後一根肋骨下方

15　腹股溝

16　腳踝外側

17　腕部外側

18　腕部內側

19　肘部內側

20　額頭

21　顴骨底部

22　鎖骨下方

23　背部最後一根肋弓的高度

24　後腿跖骨外側

25　坐骨下方

26　肋骨旁的腋窩處

能量鎖的直徑約同狗兒一個腳掌大小，若換成人類，則為一個手掌。能量鎖不只是一個點，所以無需擔心沒有按中氣點。就算一開始沒有準確按到也不要緊。只要多練習，你會逐漸熟悉各個能量鎖的位置，自然能夠按得準確。

由於你不可能讓能量錯誤流動，況且這是門藝術而非技術（你可是個藝術家呢），所以請多多實驗、盡量嘗試，你終究會感覺到怎麼樣才是舒服的，狗兒什麼時候才會放鬆。

如果沒有顯著改變，請別氣餒，不斷重新開始就對了。

不管哪一種毛病或者症狀，促進能量流動的可能性很多。發揮你的創意，跟隨本能施作。要對自己和狗兒有信心，狗兒可是十分清楚自己需要什麼唷。

# 4

# 一般性調和能量

初次集中能量流
。
活化能量流
。
腳掌能量流
。
正中能量流
。
監督者能量流

# 初次集中能量流

**初次集中能量流的按握，就像跟狗兒打招呼，讓牠們有心理準備。**

這個按握適合作為治療的開始：請握住 SES13（胸部左側，約第三根肋骨的高度），另一手按住身體同一側 SES10（背部上端，肩胛骨中間與脊柱之間）。

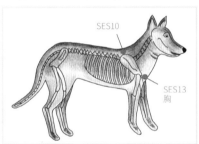

這是很好的按握，等於先向狗兒打聲招呼，讓牠有心理準備，進入放鬆狀態。它能平衡狗兒的呼氣與吸氣，幫助牠平靜下來，參與能量流動。

**初次集中能量流按握也對以下症狀有幫助：**
· 所有呼吸問題
· 過敏
· 咳嗽
· 支氣管炎
· 懷孕
· 遭受冷落與虐待的狗兒
· 幫助愛亂咬的幼犬

# 活化能量流

**活化能量流也是個急救按握，受傷、休克與過熱時，都可以施作。**

這個簡單的按握對療癒是個好的開始，可在一天中多次施作，不僅能活化能量，也帶領狗兒進入深層的平靜。平時不喜歡被人碰觸的焦躁小狗也很適合。

**施作於身體左側：**
左手放在狗兒左側的 SES4（顱底下方），右手放在左側 SES13。

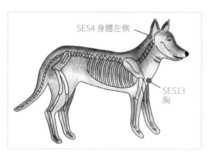

**施作身體於右側，請左右交換：**
右手握住右側 SES4，左手放在右側 SES13。也可以一手握住左右兩側的 SES4，另一手握住兩側的 SES13。

**活化能量流的按握對下列症狀有助益：**

· 調和情緒

· 消除一般疲勞

· 改善頭部相關毛病

· 強化眼睛

· 分別加強兩側腿部

· 對臀部有幫助

· 有益於臨終過程的按握（請見 177 頁）

## 腳掌能量流

**受傷時，腳掌能量流可以作為急救之用。**

腳掌能量流如同人類手指─腳趾的能量流，也就是握住一根手指以及身體另一側相反的腳趾，例如握住右手大拇指與左腳小趾，或者握住右手食指與左腳第四根腳趾，以此類推。

對狗兒施作時，只要握住整個腳掌，也就是前腳掌與另一邊的後腳掌，換句話說，左前掌與右後掌一組，右前掌與左後掌一組。這是個十分簡單卻非常有效的按握，隨時隨地都可施作。

腳掌能量流可以修復全身，促進再生，幫助骨折復原，強化脊椎，緩解背部毛病。狗兒若是中風，這個能量流的按握就非常重要；要是受傷，也可以作急救之用。

# 正中能量流

**正中能量流力道強健，能令狗兒和諧平衡，恢復生氣。**

正中能量流，顧名思義就是仁神術的中心能量流，又稱為「奇蹟療癒者」，它將人和動物直接連結到宇宙的生命之源與神聖能量，並於體內注入能量的泉源。

正中能量流也叫做「主要中心能量流」或「中央能量流」，提供人類與動物普世的生命之源，以人類而言，是在身體前側往下流動，再從後側往上湧升，源源不歇；在動物身上，則是繞著身體底部與背部流動。流動的通道就在身體正中央，提供能量給一切的體內運作過程。

村井次郎甚至把這股能量流稱為「偉大的生命氣息」，串起生命需要的精神與物質。有這股能量流，生命才有可能。

只要按住特定的氣點，便可以幫助正中能量活躍充沛，暢行無阻。別被這能量流的長度嚇到，只要能量一流動，你就會發現這樣的按握流自有道理，而且很簡單。

由於正中能量流最為強健有力，所以值得按握，再三運用。請從左側開始流動。別怕，施作這股能量不像表面看起來那麼複雜。

**步驟一：**請將左手放置於兩側的 SES13 之間，就在胸部中間。在能量流動過程中，左手都不要移開。右手放在兩側 SES25（坐骨下方），靠近脊柱底部中間。

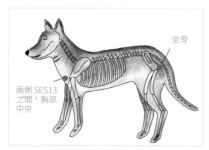

**步驟二：**請將右手放在兩側 SES2（骨盆上端）中間。

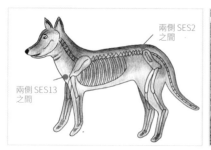

**步驟三**：右手放在兩側 SES23（背部最後一根肋弓的高度）中間。

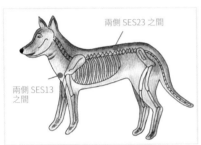

**步驟四**：右手一次按握住兩側 SES3、10 與 9，位置就在肩胛骨之間。如果是大型狗，也可以依序握住上述氣點。

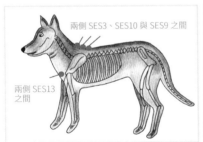

**步驟五**：右手放在兩側 SES11（頸椎底部）之間。

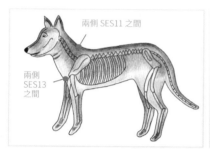

**步驟六**：右手放在兩側 SES12 之間（脖子中央）。

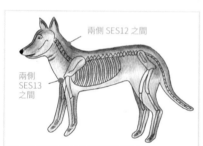

**步驟七**：右手放在兩側 SES4（顱底下方）之間。

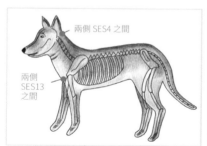

**步驟八**：右手放在兩側 SES20 之間（額頭中央）。

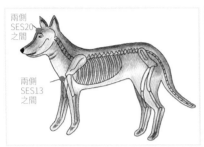

**正中能量流的按握對下列症狀有助益：**

・放鬆身體、精神與神經
・帶給身心靈新的精力與能量
・強化免疫系統
・協調內分泌系統
・促進代謝
・啟動自我療癒力
・治療深層精神創傷
・化解恐懼與憂鬱
・強化脊柱
・夜晚時享有平靜放鬆
・早上帶來一天的力量
・對於神經系統與心血管系統有正面影響
・從頭到腳和諧協調

# 監督者能量流

**監督者能量流，能夠協調與平衡身心。**

準確來說，監督者的能量有兩股，分布在身體兩側對稱地流動。監督者能量流的名稱來自於它所執行的任務，也就是監督身體兩側，強化兩側功能，進而支援位於此能量流上的能量鎖。監督者能量流和正中能量流一樣，效果深遠而且廣泛。

接下來要介紹的按握，由於對所有阻塞都有效，可用於一般能量調和，如果不知道要疏通哪些能量流，也可以使用監督者能量流。

**施作於身體左側：**

**步驟一：** 請把右手放在左側的 SES11（頸椎底部），左手放在左側 SES25（坐骨下方）。

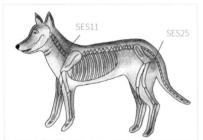 

**步驟二：** 右手放在左側 SES11，左手放在左側 SES15 的腹股溝處。

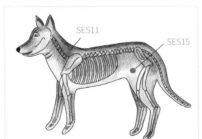 

**施作於身體右側時，請左右交換：**

**步驟一：**左手放在右側 SES11，右手放在右側的 SES25。

**步驟二：**請將左手放在右側 SES11，右手放在右側 SES15。

**監督者能量流能的按握對以下症狀有幫助：**

·加強整個能量系統，調和身心

·協調呼吸

·加強消化

·強化脊柱

·促進骨折痊癒的療效

·幫助消除壓力

·對於所有能量鎖都有益，使其和諧

·幫助處理嚴重狀況

# 5

# 其他重要能量流

脾能量流

。

胃能量流

。

膀胱能量流

接下來要介紹三種重要的能量流：脾能量流、胃能量流與膀胱能量流。

這個篇章提到的器官能量流，不僅攸關器官本身，也涉及該器官的能量品質，包括了非單指器官的身體和精神的相屬關係。

你可以疏通特別有需要的、出現症狀的，或者症狀嚴重的身體一側，也可以先後流動身體兩側的能量。

**脾能量流：**
是有益免疫系統最重要的能量流，可以修復全身，為所有器官供應能量，強化中心，幫助我們信任生命。

**胃能量流：**
胃能量流能保持中央開放，使得能量暢行無阻，從頭到腳淨化調和全身。

**膀胱能量流：**
能幫助剛從收容所接來的狗兒，給予內在深層的安全感與祥和。對去勢或結紮前後的狗兒也非常有幫助。

# 脾能量流

脾也稱為「笑的場所」，脾能量流則是「私人日曬機」。脾能量流是有益免疫系統、最重要的能量流，可以修復全身，為所有器官供給能量，強化中心，幫助信任生命。

脾能夠開啟太陽神經叢，提供養分給其他能量流。如果不知道或不太確定應該疏通哪些能量流，脾能量流是很好的選擇。

**脾能量流的按握對以下症狀有幫助：**
· 潔淨肌膚
· 減輕過敏
· 補強造血功能
· 加強結締組織
· 有效對治腫瘤
· 強化脾臟
· 除去膽怯
· 不會過度敏感
· 解除壓力
· 強化免疫系統
· 平衡情緒
· 治療創傷
· 消除深層的恐懼
· 產生信賴
· 是經歷眾多傷害的生物最重要的能量流

**施作於身體左側：**

**步驟一：**請坐在狗兒的右邊，將左手放在左側 SES5（後腳踝關節的內側），右手放在尾骨（脊柱底部）。

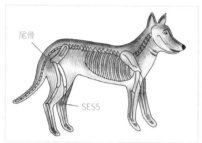

**步驟二：**請將左手放在骨尾，右手放在右側 SES14（右側身體中間，最後一根肋骨下方）。

**步驟三**：請把左手放在右側 SES14，右手移向左側的 SES13（胸腔左側，大致在第三根肋骨下方）。

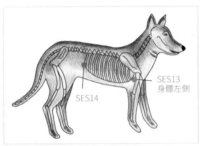

**步驟四**：左手仍舊停留在右側 SES14，右手改放在右側 SES22（右側鎖骨下方）。

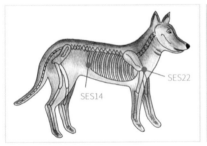

**施作於身體右側，請左右交換：**
步驟一：請坐在狗兒左邊。右手放在右側 SES5，左手放
在尾骨。
步驟二：左手保持不動，右手移向左側 SES14。
步驟三：右手放在左側 SES14 不動，左手移到右側
SES13。
步驟四：右手繼續放著不動，左手放至左側 SES22。

**脾能量流的快捷按握：**
請見脾能量流步驟一（49頁）。

# 胃能量流

胃能量流有七個步驟，是較長的能量流。別被嚇跑了，它之所以比較長，是因為這個能量流十分強大旺盛，能從頭到腳淨化調和全身。

胃能量流從頭部開始，流經身體下方，最後抵達後腳。胃能量流將保持身體中央開放，使得能量暢行無阻地往下流，而後又往上湧升。

**胃能量流的按握對以下症狀有幫助：**
· 減緩腹痛與絞痛
· 對治消化問題
· 處理與皮膚有關的所有問題
· 是最棒的皮膚專家
· 處理所有過敏問題
· 對於下巴、口唇、牙齒、牙齦、鼻子、鼻竇與耳朵等頭部區域攸關重要
· 抑制唾液分泌過量
· 平衡腹瀉（左側能量流）與便秘（右側能量流）
· 消除脹氣
· 使體重與食欲平衡
· 消除擔憂與恐懼
· 減緩緊張不安與「怪行為」
· 有效幫助狗兒不要太黏人
· 平衡荷爾蒙

・調節肌肉緊繃
・對糖尿病有效
・加強腎臟功能
・幫助消化身體上和情緒上一切不適

**施作於身體左側：**

**步驟一：**請將左手放在左側 SES21（顴骨底部，約在鼻子上側）。如果狗兒不喜歡被人摸臉，也可以選擇放在左側 SES12（脖子側面，頸椎中間）。右手按著左側的 SES22（在左側鎖骨下方）。以下照片展示以疏通 SES12 為主，插圖則標註所指定的能量點。

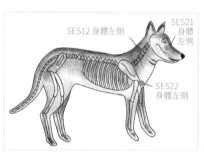

**步驟二**：流動過程中，左手放在左側 SES21 或 SES12 始終不動，右手移向右側 SES14（身體中間，最後一根肋骨下方旁邊）。

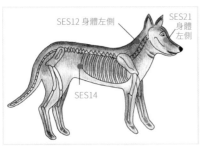 

**步驟三**：現在將右手放在右側的 SES23（最後一根肋骨和脊柱之間）。

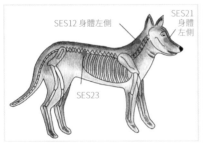 

**步驟四：**請將右手放到左側 SES14。

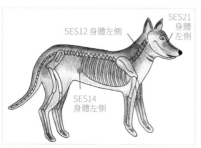

**步驟五：**右手放置右側 SES1 高處（後腳內側，大約在膝關節上方）。

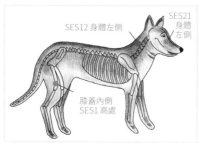

**步驟六**：右手放在右側 SES8 低處（後腳外側，約在膝關節下方）。

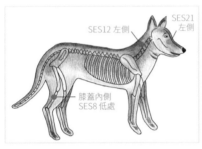 

**步驟七**：現在把右手放在右腳掌中趾區域。

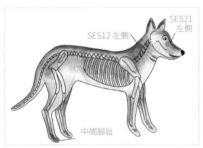 

**施作於身體右側，請左右交換：**

**步驟一**：右手放在右邊 SES21，也可選擇放在右側 SES12，左手放在右側 SES22。

**步驟二**：能量流動過程中，右手一直放在 SES21 或 SES12 不動，左手請置於左側 SES14。

**步驟三**：現在把左手放於左側 SES23。

**步驟四**：再把左手移到右側 SES14。

**步驟五**：請將左手放在左側 SES1 高處。

**步驟六**：左手請放在左側 SES8 低處。

**步驟七**：現在將左手放在左側腳掌的中間腳趾區域。

**胃能量流的快捷按握：**

請將一隻手放在 SES22，另一隻手放在 SES14。

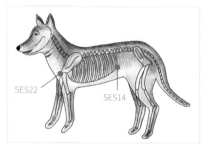

# 膀胱能量流

膀胱能量流相當簡單，所有的按握都在身體同一側，很容易碰觸。

**膀胱能量流能的按握對以下症狀有幫助：**
· 具有均衡與和諧的效果
· 給予內在深層的安全感與祥和
· 帶來寧靜與穩定
· 疏通所有膀胱問題
· 減緩背部不適
· 協調肌肉（肌肉痠痛、無力、抽搐、肌肉重建）
· 對心肌功能不全有幫助
· 幫助消除水腫
· 消除身體疼痛
· 平衡羨慕與嫉妒
· 強化膝蓋與小腿肚
· 解毒，促進排泄
· 緩和腹瀉與便秘
· 對抗風濕相關病痛
· 緩解去勢或結紮前後的情緒緊張
· 安撫剛從收容所接來的狗兒
· 緩解一切恐懼
· 給予愛與信任

**施作於身體左側：**

**步驟一**：請將左手放在左側 SES12（脖子中間的脊柱旁邊），能量流動全程請勿移開。右手放在尾骨（脊柱底部）。

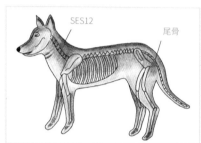 

**步驟二**：右手放在左側的 SES8（後腳膝關節外側）。

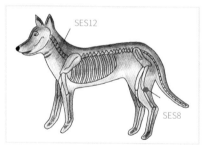 

**步驟三：**接著將右手按著左側 SES16（踝關節外側）。

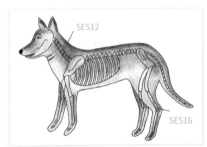

**步驟四：**現在將右手按向左側腳掌小趾。

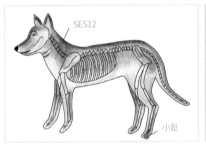

**施作於身體右側，請左右交換：**

**步驟一：**請將右手放在右側 SES12，能量流動期間請勿移開。左手放在尾骨。

**步驟二：**左手放在右側 SES8。

**步驟三：**接著將左手按著右側 SES16。

**步驟四：**現在將左手按向右側腳掌小趾。

**膀胱能量流的快捷按握：**

一手放在 SES12，另一手放在 SES23（背部最後一根肋弓
的高度）。

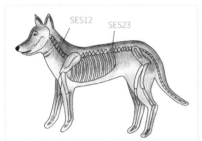

或者一手按著 SES23，另一手按著 SES25（坐骨下方）。

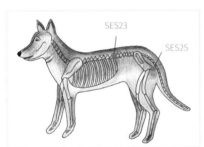

# 6

CHAPTER

# 頭部

## 眼睛
改善視力、眼睛發炎
眼睛有異物
淚腺阻塞／瞬膜問題

。

## 耳朵
聽力／耳朵發炎
耳蟎／耳廓濕疹

。

## 口部與牙齒
牙齒／蛀牙
牙齦問題／口臭
口部濕疹／口腔炎

。

## 大腦
腦膜炎
中風

## 眼睛

這個按握適用於所有眼疾，包括眼睛發炎、針眼、屈光不正等等，如果只是想強化眼睛也可以按握喔。

請一手放在額頭（SES20），在有問題的眼睛上面一點，另一手放在身體另一側的脖子上，就在顱骨正下方（SES4）。

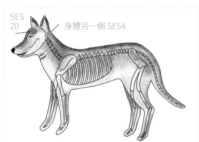

## 改善視力、眼睛發炎

如果想改善狗兒的視力，或著狗兒眼睛發炎了，除了上述提到的按握，你也可以一手放在脖子（兩側的 SES4 之間），另一手放在胸骨（SES13）。

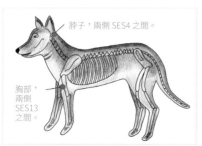

一手放在問題眼睛的那側鎖骨下方（SES22），一手放在身體另一側，顱骨下方的脖子上（SES4）。

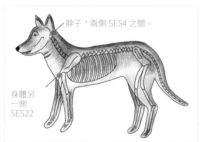

## 眼睛有異物

請把左手輕輕放在有異物的眼睛上，或者稍微往上一點
的地方，右手則疊放於左手。也可以雙手握著兩側的
SES1（後腳膝蓋內側）。

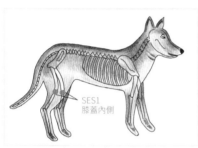

## 淚腺阻塞

雙眼或單眼長時間流淚（前提是外表沒有可見的變化），
可能是因為淚腺阻塞。淚腺要通暢不黏住，請把一手放
在兩側 SES12 之間的脖子處，另一手放在尾骨。

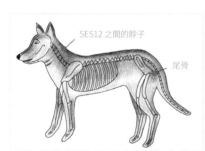

## 瞬膜問題

有些犬種結締組織太多，例如大丹犬或拳師狗，瞬膜軟
骨經常外翻，或有瞬膜腺肥大的問題，導致結膜發炎，
原因就在於眼區的結締組織鬆軟無力。

接下來的按握能強化結締組織：一手請放在後腳踝骨外
側（SES16），另一手按住坐骨下方的臀部（SES25），
兩手都置於問題眼睛的身體一側。

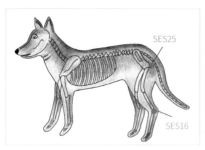

# 耳朵

膀胱能量流（請見 58 頁）能有效緩解耳朵與聽力相關問題，使其平衡協調。

若要快捷按握，請將一手放在脖子（兩側 SES12 之間），另一手握住尾骨。

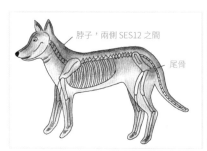

脖子，兩側 SES12 之間

尾骨

## 聽力

聽力若是受損，除了上述按握，也可以握住兩側 SES5（後腳踝骨內側）。

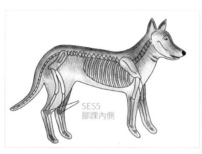

或者可以一手放在恥骨，另一手放在問題耳朵那側的後腳掌小趾附近。

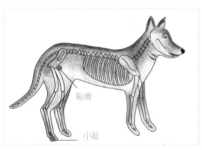

# 耳朵發炎

耳朵發炎時，為了減輕狗狗的疼痛，請握住 SES5（後腳踝骨內側）與 SES16（腳踝外側）外側。

你可以先流動一側身體的能量再換邊，或者兩手各握著一側的 SES5 與 SES16，以疏通能量。

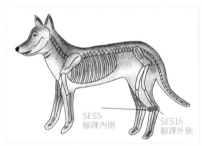

接著一手握住 SES13（胸部），另一手放在問題耳朵那側身體的 SES25（坐骨下方）。

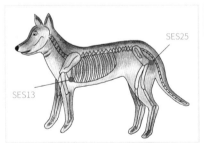

最後，左手請放在問題耳朵上，或者輕放於上方一點的
位置，右手疊於左手上。

## 耳蝨

如果你的狗兒老是出現耳蝨，可以施作寄生蟲按握：按住兩側的 SES19（肘部內側）。

或者一手放在耳朵長蝨子那側的 SES19，另一手放在對側身體的 SES1（膝蓋內側）。

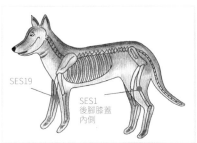

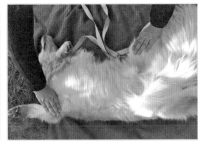

SES19
SES1
後腳膝蓋
內側

## 耳廓濕疹

耳廓濕疹多半是慢性的，可施作脾能量流（請見 48 頁），可調整平衡。脾能量流對皮膚非常好，可用以處理黴菌疾病，而耳廓濕疹的起因，往往就是黴菌感染。

## 口部與牙齒

胃能量流（請見 52 頁）適用於與口部和牙齒有關的所有
毛病。若覺得施作耗時太長，可以用胃能量流的快捷按
握：將一隻手放在 SES22（鎖骨下方）、另一隻手放在
SES14（身體中間，最後一根肋骨下方）。

## 牙齒

不是只有小孩無法適應換牙，幼犬也一樣。請一手先抓握 SES5 和 SES16，另一手抓住小腿肚，接著，繼續抓握 SES5 和 SES16，另一手請移動到尾骨。

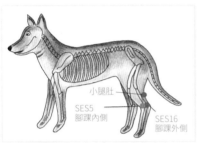

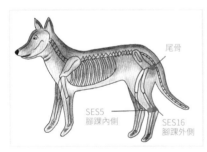

若施作對象是小型犬，也可一手同時抓握 SES16 和小腿肚，另一手按住 SES25。

## 蛀牙

狗兒看牙比人類更加麻煩，所以預防蛀牙非常重要。千萬不要忽視健康飲食，別給狗兒甜食、蛋糕或者我們餐桌上吃的食物。寵物用品店裡有販售健康的啃嚼食品，幫助狗兒潔牙，維持口腔衛生。

預防蛀牙的按握除了定期疏通胃能量流（請見 52 頁），也可以跨接 SES16 與 SES8（膝蓋外側）低處（大概在 SES8 下方一個腳掌寬）。

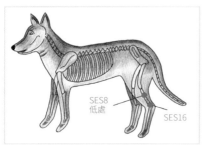

SES8
低處

SES16

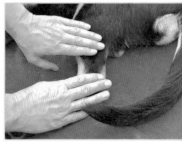

## 牙齦問題

牙齦發炎或者想強化牙齦,請一手同時握住 SES5 與
SES16,另一手放在 SES8 低處。

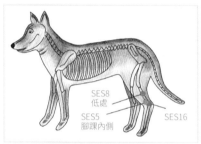

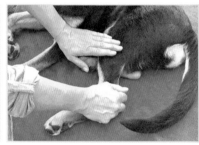

SES8
低處
SES5
腳踝內側
SES16

或者施作胃能量流第一個按握法(請見 53 頁)。

## 口臭

狗兒口腔味道刺鼻，造成的原因不同：飲食錯誤、胃出了毛病、牙齒有問題、口部罹患濕疹，或者有代謝疾病等都不無可能。這些症狀同樣適用於疏通胃能量流，胃能量流能整治消化，對付所有口部與牙齒有關的毛病。

若要調節新陳代謝，則請跨接 SES25（坐骨下方）與 SES11（頸椎底部）。

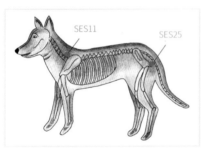

## 口部濕疹

口部濕疹是因為嘴唇皮膚皺摺裡聚集了細菌和真菌，導致發炎，散發出極端難聞的異味。請小心護理狗兒的皮膚皺摺，狗兒進食完畢，請幫牠做好清潔，飼料盆也務必保持乾淨，否則容易聚積細菌，導致發炎。

對抗發炎，請按住 SES3（肩胛骨上方與脊柱之間），最好同時也按著 SES15（腹股溝）。

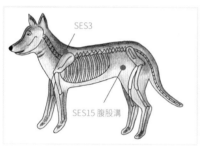

## 口腔炎

請參考胃能量流（請見 52 頁），或者施作快捷按握。

# 大腦

## 腦膜炎

小狗罹患腦膜發炎可不是開玩笑的，這種病十分嚴重，
是會致命的。在醫師治療外，為狗兒啟動能量流，有助
於強化治療效果。請一手同時握住 SES5 與 SES16，另一
手握住 SES7（腳掌內側）。

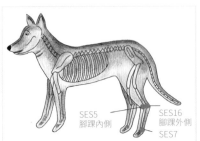

將原本握住 SES7 的手，放在 SES3 上。先握住身體一側，
然後再換另一側。

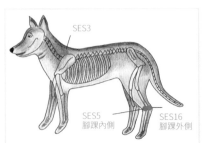

## 中風

請每天施作腳掌能量流（請見 36 頁）。中風後若要有效照護，請盡可能經常按握 SES7，或者跨接 SES7 與 SES6（後腳掌底外側）。

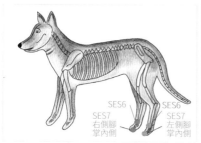

請在沒有中風的身體那一側，依照下列順序按握安全能量鎖：

SES5 與 SES16

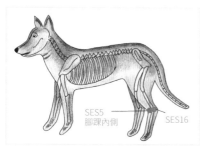

SES5 與 SES15

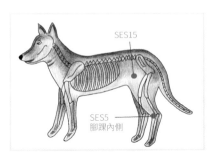

SES5 與 SES23（背部最後一根肋弓的高度）。

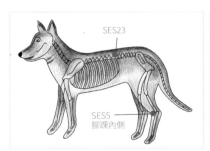
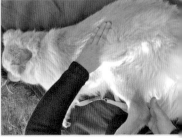

# 7

## 呼吸道

### 上呼吸道
流鼻水
鼻竇炎
。

### 頸部
咽炎
喉炎
。

### 下呼吸道
咳嗽與支氣管炎
乾咳
肺炎

# 上呼吸道

## 流鼻水

一手放在 SES3，另一手放在 SES11（頸椎底部）。

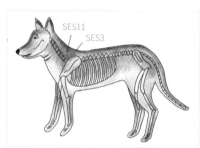

或者兩手按住 SES21（顴骨底部）。

## 鼻竇炎

跨接 SES21 與 SES22（鎖骨下方）。

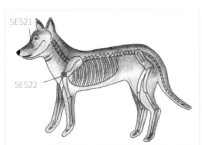

或者一手按住 SES11，一手握住身體另一側前腳掌第二根
腳趾。

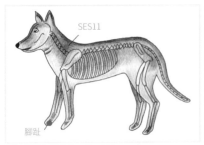

也可以施作初次集中能量流（請見 33 頁），跨接 SES10
（背部上端，肩胛骨中間與脊柱之間）與 SES13（胸部），
流動能量。

# 頸部

## 咽炎

請把一手放在 SES11，一手身體另一側握住前腳掌第二趾（請見左頁）。或是一手放在 SES11，一手按住身體另一側的 SES13。

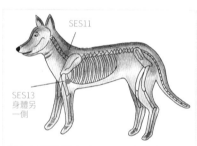

## 喉炎

請見「咽炎」。或者一手放在 SES10，一手握住肘部內側（SES19）。

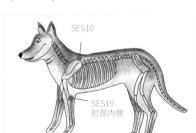

# 下呼吸道

## 咳嗽與支氣管炎

一手放置 SES10，一手置於 SES19（肘部內側，請見 87 頁）。或者同時流動 SES14（身體中間，最後一根肋骨下方）與 SES22 的能量。

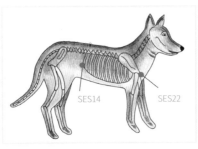

施作初次集中能量流按握（請見 33 頁），也能減緩咳嗽與支氣管炎。

## 乾咳

要紓解乾咳問題，請將雙手稍微放在 SES19 斜上方（前腳內側）。

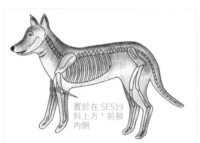

置於在 SES19
斜上方，前腳
內側

## 肺炎

想要強化肺部，請跨接 SES14 與 SES22（請見 88 頁）。
或者疏通 SES3（肩胛骨上方與脊柱之間。也稱抗生素能
量流）與 SES15（腹股溝）的能量。

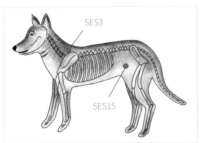

# 消化器官

# 胃部

與胃部有關的毛病都適用胃能量流（請見 52 頁）。

## 胃痛與胃絞痛

若要緩解胃絞痛，請將雙手按住兩側 SES1，即後腳膝關節內側。

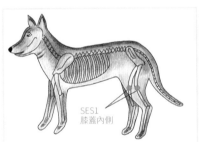
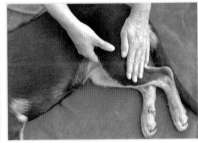

或者跨接 SES1 高處（SES1 上面約一掌寬）與 SES8（膝蓋外側）低處（SES8 下方約一掌寬）。

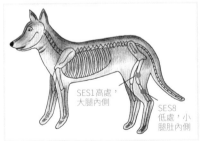

## 嘔吐

握住兩側 SES1。或者一手放在 SES1，另一手放在 SES14
（身體中間，最後一根肋骨下方）。

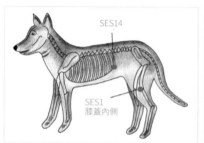

## 胃扭轉

胃扭轉經常發生在大丹犬、牧羊犬、雪達犬和聖伯納犬
等大型犬身上，不過其他犬種也難保不會受此困擾。結
締組織若不夠緊繃，導致內臟支撐力不夠，就會因為大
量脹氣而可能出現「扭轉」。一旦發生這種狀況，只能
以手術處理。

你可以用仁神術在術前術後幫助狗兒，按住兩側 SES15
（腹股溝），或者跨接 SES15 和 SES11（頸椎底部），讓
流通能量。

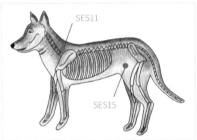

要預防胃扭轉，或者做完胃扭轉手術，請定期疏通脾能
量流（請見 48 頁）。脾能量流能夠將內臟固定在各自的
位置上。若要強化結締組織，請經常按住 SES16（腳踝外
側）與 SES25（坐骨下方）。

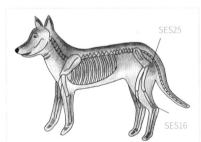

## 胰臟與胰腺疾病

強化胰腺，請按住兩側的 SES14（身體中間，最後一根肋骨下方）。

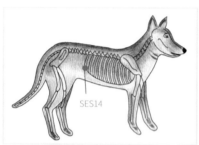

也可以一手按住 SES14，一手放在身體另一側的 SES1 高處（大約 SES1 一個腳掌高）。

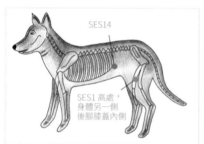

若要增強脾臟功能，請施作脾能量流（請見 48 頁）。脾能量流同樣也可支援胰腺。

## 飲食障礙

脾能量流能夠調和飲食行為，對於胃口不佳、拒絕進食、食欲旺盛、貪食、愛吃垃圾等問題都有幫助。胃能量流（請見 52 頁）也能平衡體重與食欲。

## 消瘦

狗兒若是逐漸消瘦，可疏通胃能量流（請見 52 頁）與脾能量流（請見 48 頁）。請記住，消瘦的原因也可能是因為腸道寄生蟲（胃口正常、進食也正常，但體重下降，請見 101 頁），或者罹患甲狀腺疾病。

# 腸

## 便秘

若非罹患嚴重疾病，便秘往往是運動不足或者偏食的關係。請確保你的狗兒能隨時隨地喝到水。要消除便秘，請握住兩側的 SES1（請見 93 頁）。

或者一手握住前腳第二根腳趾，一手按握身體另一側的 SES11（頸椎底部）。

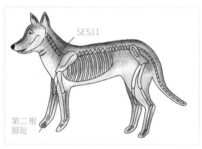

## 腹瀉

造成腹瀉的原因很多，若是一天內無法透過能量流通改善狀況，或狗兒的整體健康受到損害，請務必找獸醫釐清病因。

紓緩腹瀉的狗兒，請按住兩側的 SES8（膝蓋外側），或是一手放在右側 SES8，另一手放在右側 SES1 高處（SES1 上方約一個腳掌處）。

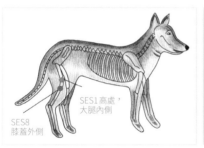

SES1 高處，
大腿內側

SES8
膝蓋外側

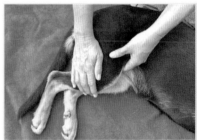

## 腸絞痛

要減緩腸絞痛，請一手按住 SES1，一手按住身體另一側
SES19（肘部內側）高處。

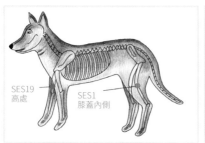

SES19
高處

SES1
膝蓋內側

## 腸道寄生蟲

如果狗兒老是有寄生蟲，請經常按握兩側的 SES19。

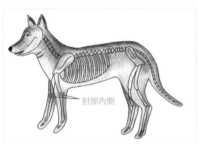

或者同時握住一側身體的 SES3 和 SES19，然後再換握另一側。

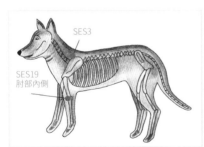

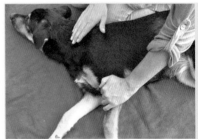

## 肛門腺阻塞

一手放在兩側 SES12 脖子的中間，一手放在尾骨。

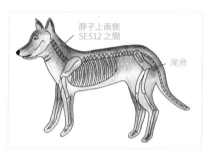

脖子上兩側
SES12 之間

尾骨

## 痔瘡與肛裂

一手覆住肛門，一手放在 SES8（膝蓋外側）。也可以同時流動 SES14（身體中間，最後一根肋骨下方）與 SES15（腹股溝）的能量。

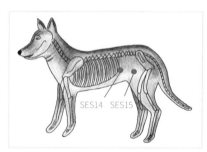

SES14　SES15

## 肝臟

要強化肝臟功能，一手放在左側 SES4（顱底下方），一手放在左側 SES22（鎖骨下方）。

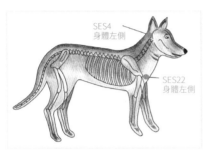

若要排毒,請一手按住 SES12,一手按住 SES14。

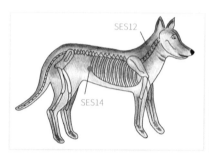

或者同時流動 SES23(背部最後一根肋弓的高度)與 SES 25(坐骨下方)的能量。

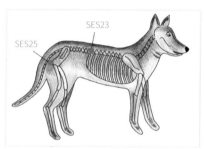

# 9

CHAPTER

## 運動系統

背部與脊椎
。
肌肉
。
韌帶、肌腱與關節
扭傷與拉傷
強化韌帶與肌腱
關節炎
退化性關節炎
髖關節炎
。

骨頭
骨折
強化骨骼
發育遲緩與骨骼變形

## 背部與脊椎

下列的按握法有所謂「整脊師能量流」之稱。

請一手放在 SES2（骨盆上端），另一手放在 SES6（後腳掌底外側）。疏通完身體一側後，再換另一側。

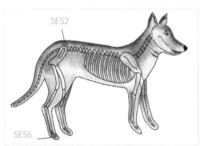

對治背部所有毛病的重要能量流則是膀胱能量流（請見58 頁）。

腳掌能量流（請見 36 頁）也能調整背部與椎間盤。

# 肌肉

要強化肌肉系統，減少肌肉痠痛、過度疲勞、顫抖、肌張力太高或太低、拉傷、肌肉痛等等，可一手放在 SES8（膝蓋外側），一手同時握住 SES5（腳踝內側）與 SES16（腳踝外側）。也可以先按 SES8 與 SES5，再按住 SES8 與 SES16。

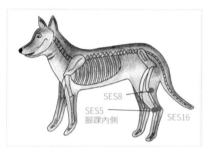

要增強鬆軟無力的肌肉，請一起按著左側 SES12（脖子）與右側 SES20（額頭）。施作於身體另一側，左右需調換。

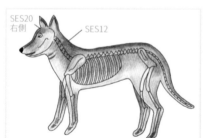
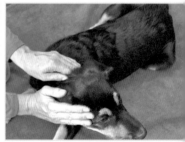

# 韌帶、肌腱與關節

## 扭傷與拉傷

如果後腳扭傷，請握住前腳腕關節；前腳扭傷，請握住
受傷的關節。

另一種選擇是一手放在扭傷部位，一手放在身體另一側
的 SES15（腹股溝）。

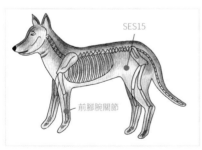

SES15

前腳腕關節

## 強化韌帶與肌腱

想強化韌帶和肌腱，請按住 SES12，另一手按著身體另一側的 SES20（額頭。請見 108 頁）。或者一手放在 SES4（顱底下方），一手放在同側身體的 SES22（鎖骨下方）。

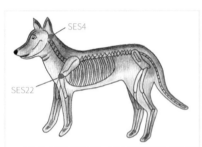

## 關節炎

請經常施作「排毒按握」（請見 104 頁）。若要減輕疼痛，治療發炎，請一手按握 SES5（腳踝內側）與 SES16（腳踝外側），另一手放在 SES3（肩胛骨上方與脊柱之間）。

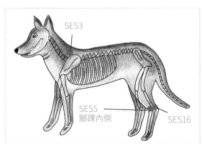

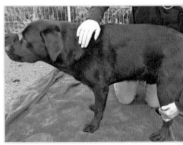

## 退化性關節炎

請疏通 SES13（胸部）與 SES17（腕部外側）的能量。

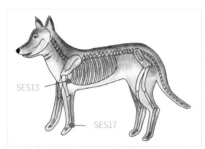 

此外，流動 SES1（膝蓋內側）的能量，可促進運動，提高靈活度。可搭配按握身體另一側的 SES19 高處（肘側內部上方約一個腳掌寬），加強效果。

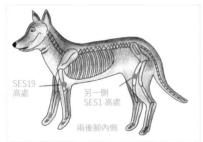 

### 髖關節炎

要處理左邊髖骨問題，請把左手放在左側的 SES12（脖子），右手放在右側 SES20（額頭，請見 108 頁）。施作另一側時，請左右調換。

# 骨頭

## 骨折

雙手壓覆腹股溝 SES15，有助於幫助骨折復原。

此外，也可以同時流動 SES15 與 SES3 的能量。

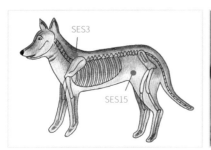

## 強化骨骼

要強化骨骼，請按住 SES11（頸椎底部）與身體另一側的
SES13（胸部）。

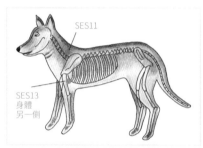

或者一手放在恥骨上，另一手先後握住後腳的兩個小趾。

## 發育遲緩與骨骼變形

握住兩側 SES18（腕部內側）。

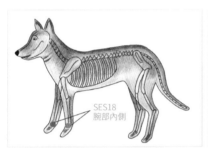

或者一起流動 SES25（坐骨下方）與 SES3 的能量。

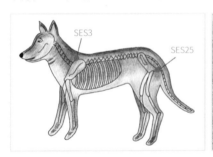

# 泌尿系統

膀胱

。

腎臟

腎臟炎

腎結石與膀胱結石

# 膀胱

所有膀胱問題（如發炎、麻痺），都可因施作膀胱能量流（請見 58 頁）而得到改善，恢復平衡。

你也可以施作快捷按握：一手放在 SES12 之間，也就是頸椎中間，另一手放在尾骨。

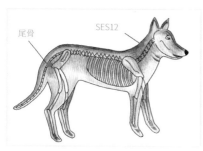

或者按住 SES4（顱底下方）與 SES13（胸部），通暢能量。

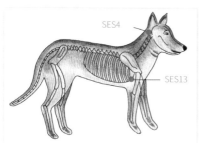

# 腎臟

## 腎臟炎

請先按住 SES3（肩胛骨上方與脊柱之間）與 SES15（腹股溝）。

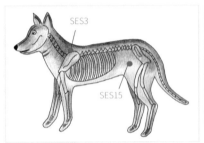

接著一手放在恥骨，一手先後握住後腳掌兩個小趾。

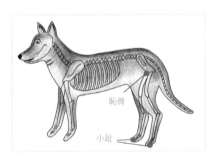

如果狗兒不想被人觸碰恥骨，就請把一手放在兩側 SES4
之間的脖子上，另一手放在尾骨。

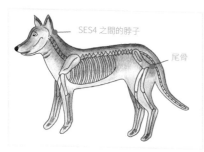 

## 腎結石與膀胱結石

一手請同時握住 SES5（腳踝內側）與 SES16（腳踝外側），
另一手放在 SES23（背部最後一根肋弓的高度）。先按握
身體一側，接著再換另一側。

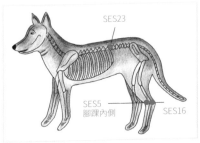

或者可以流動 SES23 與 SES14（身體中間，最後一根肋骨
下方）的能量。

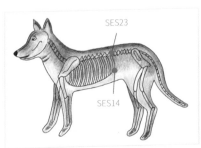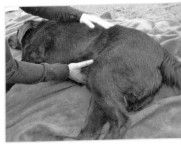

# 11

CHAPTER

# 生殖器官

## 公狗生殖器官

睪丸發炎

前列腺

性欲過度

。

## 母狗生殖器官與產科

懷孕

產前準備

助產

陣痛

子宮收縮無力或者收縮劇烈

新生幼犬的呼吸問題

奶水不足與奶水太多

乳腺發炎

假性懷孕

不孕

發情

chapter
eleven

# 公狗生殖器官

## 睪丸發炎

一手握住 SES5（腳踝內側）與 SES16（腳踝外側），另一手按著 SES3（肩胛骨上方與脊柱之間）。

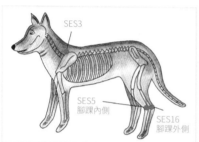

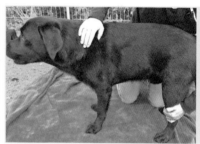

## 前列腺

請強化脾能量流的流動（請見 48 頁）。或者一手放在兩側 SES13（胸部）之間，也就是胸部中間，另一手放在尾骨。

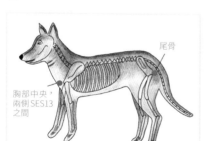

## 性欲過度

請流動 SES19（肘部內側）與身體另一側 SES14（身體中間，最後一根肋骨下方）的能量。

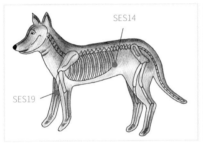

# 母狗生殖器官與產科

## 懷孕

SES22（鎖骨下方）是幫助適應新狀況（懷孕、分娩、產後）的重要能量鎖。

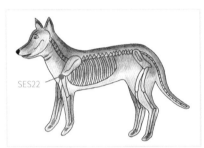 

你也可以在狗兒懷孕期間經常施作監督者能量流（請見 42 頁）。

SES5 與 SES16 一起按握，則能提供子宮能量。

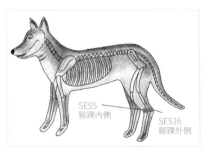 

## 產前準備

SES8（膝蓋外側）能讓骨盆柔軟，為分娩做好準備，打開產道。SES22 也能讓身體做好分娩準備。你可以跨接兩個能量鎖，讓能量流動。

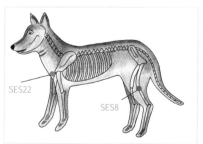

## 助產

跨接 SES13 與 SES4（顱底下方），可幫助放鬆，使生產順利。

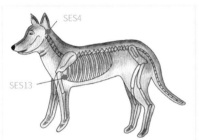 

一手放在 SES8（身體任何一側都可以），一手按住骶骨，對於一般生產過程有幫助，並能促使子宮收縮。

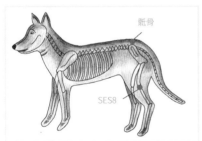 

## 陣痛

SES5 與 SES16 的能量若能流動暢通，便能夠減輕分娩的疼痛（請見 125 頁）。

## 子宮收縮無力或者收縮劇烈

SES1（膝蓋內側）能促使身體一切機能動起來，有助於生產過程順利。如果生不出來或者進展太快，請跨接 SES20（額頭）與 SES21（顴骨底部）兩個能量鎖。

## 新生幼犬的呼吸問題

新生幼犬一旦出現呼吸問題,請按握兩側的 SES4(顱底下方。請見 28 頁)。

## 奶水不足與奶水太多

要調節奶水量,請施作脾能量流(請見 48 頁)。或者一手放在 SES22,一手放在 SES14 上。

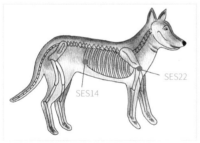

## 乳腺發炎

一手請先放在肩胛骨上方與脊柱之間的 SES3，另一手按著 SES15（腹股溝，請見 28 頁）；接著請疏通肘部內側 SES19 高處（約高於 SES19 一個腳掌距離）和膝蓋內側 SES1 高處（約高於 SES1 一個腳掌距離）。

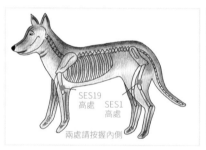

## 假性懷孕

請先跨接身體一側的 SES10（背部上端，肩胛骨中間與脊柱之間）與 SES13，然後換另一側施作。或者，一手放在兩側 SES10 之間，另一手放在兩側 SES13 的胸部中間處。

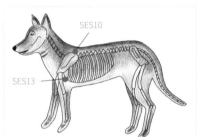

## 不孕

請強化疏通 SES13。按著兩側 SES13，或者跨接 SES8 與身體另一側的 SES13。

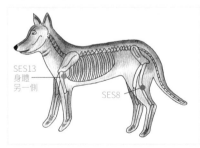

也請疏通膀胱能量流（請見 58 頁）與脾能量流（請見 48 頁）的能量。

## 發情

經常施作脾能量流（請見 48 頁）與正中能量流（請見 37
頁），可以調節狗兒的發情狀況。請跨接兩側 SES13，或
者一手放在胸部中央兩側 SES13 之間，另一手放在尾骨。

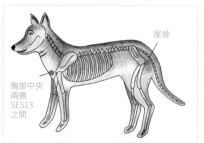

尾骨

胸部中央
兩側
SES13
之間

胃能量流（請見 52 頁）是皮膚與毛髮的專家。如果你的狗兒有皮膚病或者掉毛問題，推薦你多多流動這股能量流。但也請你確保狗兒的飲食健康均衡。

## 掉毛

毛髮生長要健康，除了注意飲食之外，別讓狗兒身體太酸，並且維持健全的內分泌系統。處理掉毛問題，則可施作排毒按握（請見 104 頁）。協調內分泌系統，請同時流動 SES14（身體中間，最後一根肋骨下方）與身體另一側的 SES22（鎖骨下方）能量。

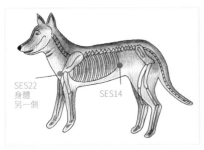

## 毛髮無光澤

狗兒毛髮若無光澤，請經常施作脾能量流（請見 48 頁）。

# 皮屑

請調和胃能量流（請見 52 頁）與脾能量流（請見 48 頁）的能量。

# 濕疹

請經常施作流通 SES3（肩胛骨上方與脊柱之間）與 SES19（肘部內側）的能量。

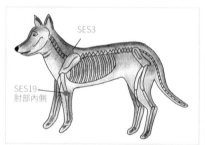

你也可以同時跨接 SES14 與 SES22。

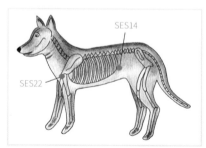

## 癤瘡與膿瘡

想要擺脫癤瘡、膿瘡以及身體上亂長的東西，請左手放在患病部位，右手疊放在左手上。

若是身旁還有其他人，可以一起搭一座「疊疊手山」：你把左手放在膿瘡上，右手上疊在左手，下一個人把左手放在你的右手上，他的右手再疊於自己左手上，以此類推。這樣能夠加快治療過程。

# 搔癢

要止緩搔癢，請流動 SES3 與 SES4（顱底下方）的能量。

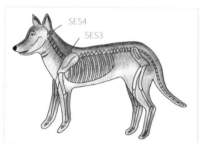

# 過敏

過敏不是人類的專利，現在也是狗兒普遍的問題。引發過敏的原因很多，我們通常只能推測可能的關聯。

要治療過敏，調和免疫系統非常重要，因為過敏就是免疫系統對抗了不應該對抗的物質。位於肩胛骨上方與脊柱之間的 SES3 能量鎖，能夠促使免疫系統運作良好。SES3 是一道能夠打開的大門，可以讓病毒和細菌離開，身體也藉由這道門，接收潔淨的新能量。

要幫助過敏的狗兒，請跨接 SES3 與 SES15（腹股溝）。

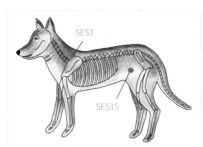

脾能量流（請見 48 頁）也能夠強化免疫系統。對付過敏的另一個重要按握是：請一手握住 SES19（肘部內側），另一手按著 SES1（膝蓋內側）。

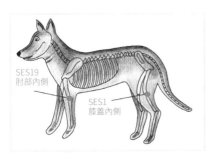

對付過敏問題還有一個重要能量鎖，SES22（鎖骨下方），它可幫助狗兒積極適應狀況。所以請你握住兩側的 SES22，流通能量。

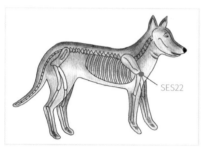

或者跨接 SES22 和 SES14（身體中間，最後一根肋骨下方），流通能量。

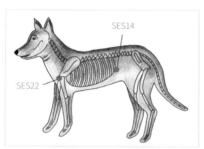

施作初次集中能量流（SES10 與 SES13，請見 33 頁），對過敏的狗兒也非常有幫助。

# 13

## 神經系統

神經痛

。

肌肉抽搐

。

麻痺

。

癲癇

## 神經痛

神經痛若出現在狗兒的頭部，適合施作胃能量流（請見 52 頁）。

要減緩疼痛，請同時按握腳踝內、外側的 SES5 與 SES16（請見 125 頁），或者跨接 SES10 與 SES17（腕部外側）。

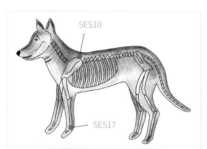

## 肌肉抽搐

肌肉抽搐很可能是各種神經疾病的併發症，包括神經系統失調，或者肌肉神經細胞出了毛病。請先請教獸醫，釐清病況。

不過，肌肉抽搐也不一定表示狗兒生了病。有些肌肉抽搐沒有什麼傷害，只不過是神經暫時受到刺激。這時請你同時流通 SES8（膝蓋外側）與 SES17 的能量。

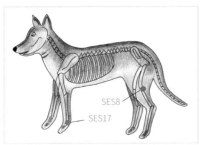

# 麻痺

出現麻痺狀況時，請依序施作下面的按握法：

**施作於身體右側：**

請將左手放在右側 SES4（顱底下方），右手放在右側
SES13（胸部）。

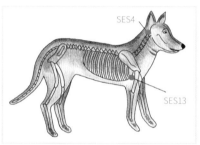

左手接著放在右側 SES16（腳踝外側），右手放在右側
SES15（腹股溝）。

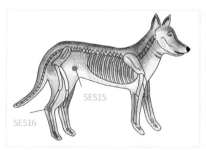

**施作於身體左側,請左右交換:**

右手放在左側 SES4,左手放在左側 SES13。

接下來把右手放在左側 SES16,左手放在左側 SES15。

## 癲癇

如果你的狗兒受癲癇所苦，可以施作以下按握，輔助治療效果。請按住兩側 SES7（兩隻後腳大拇指）。

同時請經常按握脖子和額頭。

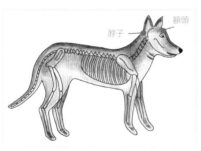

以及請跨接 SES12（脖子）與 SES14（身體中間，最後一根肋骨下方）。

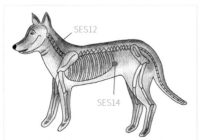 

# 14
## CHAPTER

# 免疫系統

要擁有健康與活力，就要有功能健全的免疫系統。為狗兒施作能量流動時，便自動強化了牠的免疫系統，啟動自我療癒的能力。

有助於免疫系統運作健全最重要的安全能量鎖是 SES3（肩胛骨上方與脊柱之間）。只要疏通 SES3，能量暢行無阻，存在身體裡的病毒和細菌就能排出體外，不會賴著不走，引發疾病。疏通了 SES3，也可以抑制、排除剛出現的感染。要達成這樣的效果，建議最好跨接 SES3 與 SES15（請見 138 頁）。

**還有幾股能量流在調和免疫系統上效果明顯，強大活躍。**
・正中能量流（請見 37 頁）
・監督者能量流（請見 42 頁）
・脾能量流（請見 48 頁）

或者也可以跨接 SES19（肘部內側）與 SES19 高處。

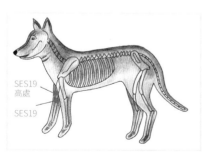

# 傳染病

犬瘟熱
。
鉤端螺旋體病
。
細小病毒
。
犬舍咳

即使接種了疫苗，仍舊出現下述嚴重的疾病，這時除了接受獸醫治療，也可藉由能量流動，來幫助你的狗兒。

## 犬瘟熱

有人認為犬瘟熱主要傳染對象是年輕的狗兒，但每隻狗兒的易感性不同，年紀大的狗狗也可能受到感染。

犬瘟熱的初期症狀有扁桃腺發炎導致輕微發燒、結膜炎、因腹瀉顯得無精打采，不太容易讓人一開始就確診是犬瘟熱。這個階段的症狀沒有什麼嚴重性，要到病情通常稍微嚴重的第二階段，才會認出這疾病的特性。第二階段有咳嗽、打噴嚏、流鼻水、腹瀉與眼睛發炎等等。

經過前兩個階段，只要病況不太嚴重，犬瘟熱仍可以治癒。不過也可能不會出現這些症狀，而是立刻惡化成神經系統方面的疾病，例如腦膜炎、脊髓出現變化、腦神經衰弱、癲癇發作、肌肉規律抽搐與痙攣。

請你施作能量流按握，輔助獸醫的治療效果。每一次的能量流的施作簡短幾分鐘就好，一天施作多次。

請啟動溫和的能量流，例如監督者能量流（請見42頁）。並且跨接肩胛骨上方與脊柱之間的 SES3 與腹股溝處的 SES15（請見 138 頁）；若要排毒，跨接 SES23（背部最後一根肋弓的高度）與 SES25（坐骨下方，請見 104 頁）；狗兒的免疫系統也必須強化（請見 149 頁）。

請跨接相關症狀所對應的安全能量鎖。

## 鉤端螺旋體病

鉤端螺旋體病也叫做「史徒加特犬瘟」（Stuttgarter Hundeseuche），病情若是嚴重，致死率相當高。症狀有嘔吐、腹瀉（多半伴隨出血），急速變瘦、呼吸氣息難聞、腹部疼痛、高燒或低溫，這時要盡速給狗兒服用抗生素。

一天數次跨接肩胛骨上方與脊柱之間的 SES3 和 SES15（請見 138 頁），疏通能量，可增強治療效果。或者按住兩側 SES1（後腳膝蓋內側），也可以跨接 SES1 與 SES8（膝蓋外側，請見 99 頁）。

## 細小病毒

細小病毒感染多半來得十分突然,伴隨劇烈嘔吐,可能同時或者短時間內會有出血性腹瀉或者水便。最嚴重會導致脫水,體重急遽下降。

接受獸醫治療時,請額外按握右側 SES8 與左側 SES1 高處(請見 99 頁)。

也記得要按握監督者能量流(請見 42 頁),以及施作增強免疫系統的按握(請見 149 頁)。

## 犬舍咳

請按握先前介紹的、能夠對治咳嗽和支氣管炎的能量鎖（請見 88 頁）。

亦可施作監督者能量流（請見 42 頁），普遍強化免疫系統（請見 149 頁）。

腫瘤

仁神術能夠協調身心,逐漸恢復所有平衡,包括細胞生長。只要能量流動,便不會產生堆積,還能清除老舊硬物。以下的按握對狗兒的腫瘤都有幫助。

SES1(後腳膝蓋內側)這個原初運動能量鎖能讓一切流通運動,解除堆積淤塞。

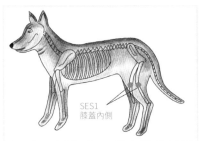
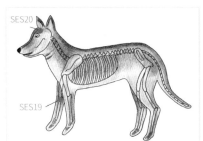

脾能量流(請見 48 頁)能把光帶入細胞,消除腫瘤與淤積。經常施作正中能量流,也對狗兒腫瘤有幫助(請見 37 頁)。按住 SES20(額頭)與身體另一側的 SES19(肘部內側),然後交換按握。這是能促進細胞更新的重要能量流。

經常施作監督者能量流（請見 42 頁），幫身體排毒（請見 104 頁），另外也可跨接 SES11（頸椎底部）與身體另一側後腳第二根腳趾。

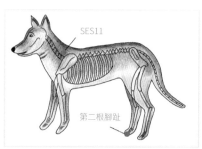

對治惡性腫瘤的重要按握是：
請一手放在後腿跗骨外側 SES24（調和混亂），一手放在肋骨旁的腋窩處的 SES26。這按握對囊腫也有效。

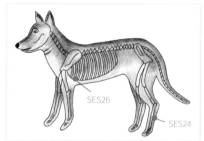

# 17
## CHAPTER

水腫

chapter
seventeen

要消除水腫，請施作膀胱能量流（請見 58 頁）。

**膀胱能量流的快捷按握：**

一手放在 SES12 脖子處，另一手放在 SES23（背部最後一根肋弓的高度）。

或者一手按著 SES23，另一手按著 SES25（坐骨下方）。

# 18
## CHAPTER

# 受傷與緊急狀況

傷口
血腫 / 咬傷
戳傷、裂傷、刺傷
燒傷
骨折
腦震盪 / 瘀青
休克 / 中毒
熱中暑與熱衰竭
嗆傷與呼吸困難
痙攣
手術 / 暈車 / 疼痛
過勞 / 安樂死

# 傷口

處理流血的傷口，右手置於傷口或繃帶上，位置往上一點也可以，左手請放在右手上。

傷口若是化膿，則是左手置於傷口或繃帶上，上方一點的位置也可以，右手疊放在左手上。

## 血腫

請雙手交叉，讓兩手小指彼此相觸，然後把手放在血腫部位。

## 咬傷

處理咬傷的按握，跟流血的傷口相同，右手置於傷口或繃帶上，位置往上一點也可以，左手請放在右手上。

## 戳傷、裂傷、刺傷

左手置於受傷部位，也可以放在上面一點的位置，右手再疊放在左手上。

## 燒傷

請將雙手併放在燒傷部位。

## 骨折

雙手可以一起放在 SES15（腹股溝）。或者一手放在骨折處，另一手放在 SES15。

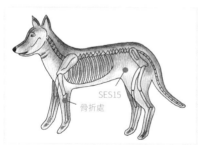

## 腦震盪

請雙手一起按住兩側的 SES4（顱底下方），再按住 SES7
（腳掌內側）。

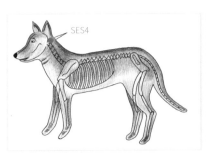

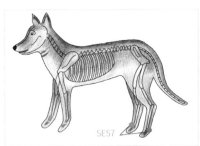

## 瘀青

右手放在瘀青部位，左手放在右手上（請見 169 頁）。

# 休克

休克是種危及生命的循環系統疾病，動物只要休克，一定要馬上請醫生診治。

造成休克的原因各式各樣，例如熱中暑、受傷、嚴重出血、嘶咬、中毒、過敏、燒傷、胃扭轉等等。

狗兒休克的症狀有虛弱無力、呼吸短淺、心跳加劇、牙齦明顯蒼白，腳掌、耳朵、尾端等處感覺冰冷，還有顫抖、走路跛蹌。

按住兩側 SES1（膝蓋內側）可以先為狗兒急救。

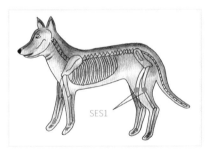

# 中毒

狗兒一旦中毒，請盡快送醫。要為狗兒施行急救，請按住兩側 SES1（請見 173 頁）。另外，也可跨接 SES21（顱骨底部）與按住 SES23（背部最後一根肋弓的高度）。

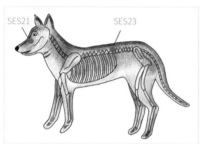

# 熱中暑與熱衰竭

過度曝曬，或因高溫而造成熱中暑或熱衰竭，請儘速送醫。急救時請按握兩側 SES4（顱底下方，請見 172 頁），或者按握兩側的 SES7（腳掌內側，請見 172 頁），讓能量流動。

# 嗆傷與呼吸困難

請握住 SES1（請見 173 頁），或者跨接 SES1 與 SES2（骨盆上端）。

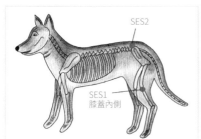

## 痙攣

請按著兩側 SES8（膝蓋外側）。也可以跨接 SES8 與身體另一側的 SES1。

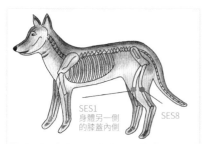

## 手術

手術前後都請按握兩側 SES15（腹股溝）。

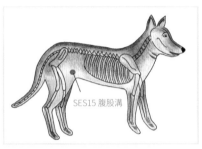

## 暈車

請按著兩側 SES14，或者流動 SES14 與 SES1 的能量（請見 94 頁）。

## 疼痛

請先握著身體一側 SES5（腳踝內側）與 SES16（腳踝外側），再換另一側。或者雙手同時各握住兩側的 SES5 與 SES16（請見 75 頁），這樣可以減緩各式各樣的疼痛。

# 過勞

請跨接 SES15 與 SES24（後腿跗骨外側）。

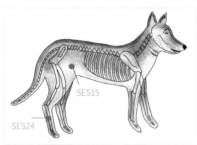

# 安樂死

為了讓狗兒度過最後時期，請跨接 SES4（顱底下方）與 SES13（胸部）。你也可以一手按著兩側 SES4，一手按著兩側 SES13，讓能量流動。

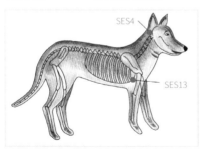

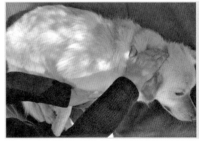

SES4 是個重要的能量鎖，能幫助面對各種過渡時期。據說這個能量鎖「能阻止尚未臨門的死亡」，也能幫助臨終狗兒順利離開。

# 19
## CHAPTER

# 行為與精神狀況

害怕與恐慌
缺乏安全感
神經質與膽怯
想家
嫉妒
貪嘴
冷落
虐待
爭吵與攻擊
固執
畏聲

# 害怕與恐慌

處理恐懼的重要能量流是正中能量流（請見 37 頁），能把一切聚集到中心，賦予狗兒深層的信任感。與恐懼議題有關的重要能量鎖是 SES21（顴骨底部）、SES22（鎖骨下方）、SES23（背部最後一根肋弓的高度）。

## 重要安全能量鎖

SES 6
- 位置：後腳掌底外側。
- 功效：有助於維持平衡，緩解壓力，強化背部、骨盆與臀部。

SES 10
- 位置：背部上端，肩胛骨中間與脊柱之間。
- 功效：按壓此處能提振活力、生命力，帶來喜悅；也有助於聲音與喉頭，調和血壓與循環問題。

SES 24
- 位置：後腿距骨外側。
- 功效：能對付頑固、嫉妒，消除疲勞。

要清除狗兒的恐懼，請根據以下方式聯合施作各個能量鎖：

**施作於身體左側：**

右手請放在左側 SES21，左手放在左側的 SES23。如果狗兒不喜歡臉被碰觸，請將 SES21 改成 SES12（脖子）。

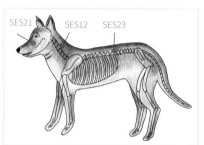

然後把左手放在左側 SES23，右手置於左側 SES22。

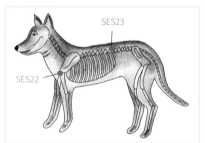

**施作於身體右側時，請左右交換：**

先把左手放在右側 SES21 或者 SES12，右手放在右側 SES23；接著，右手停著不動，左手放置於右側 SES22。

啟動另一個調和恐懼的能量流順序如下：
左手放在左側 SES4（顱底下方），右手放在左側 SES12；接下來左手放在左側 SES12，右手放在左側 SES11（頸椎底部）。

若是小型犬或中大型犬，可以一手放在 SES4，另一手同時按住 SES11（頸椎底部）與 SES12。

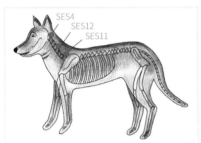

**施作於身體右側：**
先把右手放在右側 SES4，左手放在右側 SES12。接著，右手放在右側 SES12，左手放在右側 SES11。

## 缺乏安全感

缺乏安全感或者焦慮不安的狗兒，請疏通牠 SES17（腕部外側）與 SES18（腕部內側）的能量。

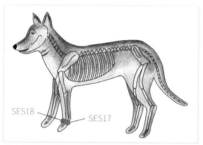 

如果狗兒極度不安，恐懼害怕，請經常施作正中能量流（請見 37 頁）。

## 神經質與膽怯

狗兒一旦出現這種情況，也請施作正中能量流（請見 37 頁），助益良多。想要安撫神經質或者容易受到驚嚇的動物，請按著兩側 SES1（膝蓋內側，請見 173 頁）。或者，請一手放在 SES23，一手放在 SES26（肋骨旁的腋窩處）。

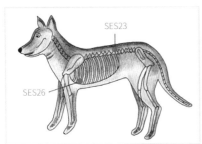

你也可以跨接 SES21 和 SES22。

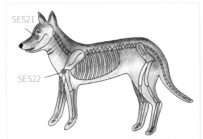

# 想家

要紓解狗兒想家的哀愁，請按著兩側 SES9（背部上端，肩胛骨下方與脊柱之間。請見圖示），或者兩側 SES19（肘部內側，請見照片），這樣可幫助狗兒適應新環境。

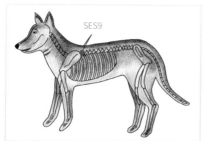

你也可以疏通 SES11 與 SES12 的能量，增強效果。

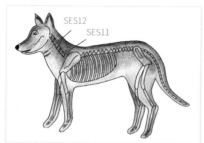

或者，一手放在 SES9，一手放在 SES11 與 SES12 上。

## 嫉妒

胃能量流（請見 52 頁）有助於降低狗兒的嫉妒心，或者
跨接 SES14（身體中間，最後一根肋骨下方）與 SES24（後
腿跗骨外側）。SES24 這個安全能量鎖能夠平衡脫序狀
態，也包括內在的混亂。

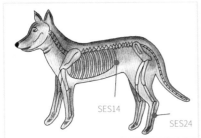

或請跨接 SES14 與 SES22（鎖骨下方，請見 88 頁）。SES22
能幫助你的狗兒適應各種情況與場合。

## 貪嘴

請按著 SES14 與肘部內側 SES19 高處（SES19 上方約一個腳掌高）。

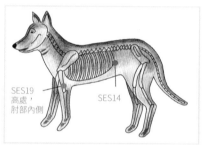

SES19
高處，
肘部內側

SES14

胃能量流（請見 52 頁）也能使狗兒放鬆，平靜下來。或者，你可調和 SES13（胸部）的能量，最好搭配跨接 SES10（背部上端，肩胛骨中間與脊柱之間。請見 33 頁的〈初次集中能量流〉）。

## 冷落

如果你的狗兒在前一個地方受到冷落，可以施作脾能量流（請見 48 頁），平衡不協調的狀況。

## 虐待

就像處理遭到冷落的狀況一樣，脾能量流也是療癒受虐狗兒的重要能量。

胃能量流（請見 52 頁）能幫助放鬆，支持情緒療癒，建立新的信任感；初次集中能量流（請見 33 頁）的按握，也就是流動 SES10 與 SES13 的能量，亦能協助狗兒逐漸消化負面經驗。

## 爭吵與攻擊

如果你的狗兒攻擊性強，容易陷入爭吵咆哮，請你做好
基礎能量調和，例如施作正中能量流（請見 37 頁）。也
可以跨接兩側 SES24，或者同時施作 SES24 與 SES26 能
量流。

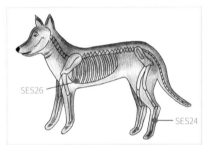

跨接 SES22 與身體另一側的 SES4，可疏通能量。

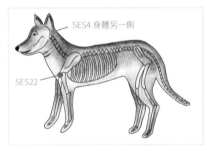

亦可流動 SES20（額頭）與身體另一側 SES4 的能量。

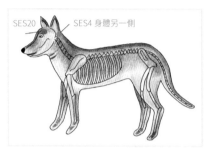

## 固執

請流動 SES24 和 SES26（請見左頁）的能量，或是跨接 SES24 和 SES12。

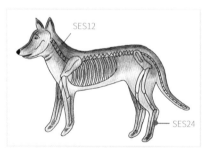

## 畏聲

如果你的狗兒對聲音非常敏感,你可以一手同時按住 SES22 與 SES13(胸部),一手放在 SES17(腕部外側), 啟動能量流動。請先施作於一側身體,接著換另一側。

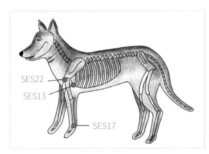 

脾能量流(請見 48 頁)也可幫助調整狗兒形形色色的過度敏感反應。

# 20
CHAPTER

# 其他狀況

如廁訓練

。

吃垃圾與大便

。

骯髒

。

中和藥物副作用

。

減輕疫苗反應

chapter
twenty one

## 如廁訓練

膀胱能量流（請見 58 頁）能幫助你的狗兒控制排泄，不隨地大小便。

## 吃垃圾與大便

狗兒吃大便的理由眾說紛紜，其中一派認為狗糧中的引誘劑與調味料，大大增加糞便對狗兒的吸引力；另一派則指出吃便的行為是缺乏礦物質的表現。

無論如何，對我們人類來說，一想到狗兒吃大便就渾身不舒服。狗兒吃大便也很不健康，因為會感染寄生蟲，罹患疾病。

狗兒的能量越均衡、越協調，越懂得攝取對自己有益食物。不過凡事總有例外，狗兒對美味可口也還是有自己的想法，或者想像。

## 骯髒

如果狗兒不太重視身體清潔，請跨接 SES12（一手放在
脖子中間的兩側 SES12 之間）與尾骨。

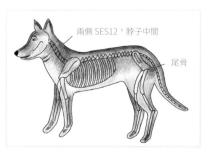
兩側 SES12，脖子中間
尾骨

## 中和藥物副作用

疏通 SES21（顴骨底部）與 SES23（背部最後一根肋弓的
高度）的能量，可中和藥物的副作用。請先施作於身體
一側，然後換邊。

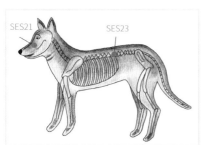 

請按著兩側 SES22（鎖骨下方），或者跨接 SES22 與
SES23。

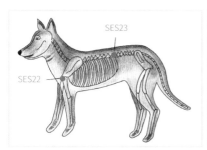 

## 減輕疫苗反應

請施作脾能量流（請見 48 頁），強化狗兒的免疫系統，以便免疫系統更有能力處理有害物質。或者你也可以流動 SES23 與 SES25（坐骨下方）的能量。

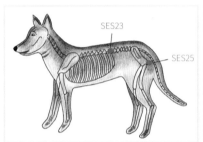 

仁神術，造物主藉由慈悲的博學之人所展現的藝術，是一種美妙而簡單的方法，讓我們能調和自己的能量，當然也包括狗兒的。最好養成施作仁神術的習慣，每天疏通自己和狗兒的能量，就算時間不長也沒關係。經常施作仁神術，身體自我療癒力會再度強旺活躍，得以預防疾病，也能療癒已有的病痛和傷害；還可強化你與狗兒的關係，以及你與自己的關係。

願你有個美好的能量流動經驗。

獻上誠摯的祝福
蒂娜・史丁皮格・盧汀瑟（Tina Stümpfig-Rüdisser）

# ACKNOWLEDGEMENT

## 致 謝

感謝村井次郎（Jiro Murai）先生再度找回仁神術，謝謝瑪麗·柏邁斯特（Mary Burmeister）女士以全心的愛傳遞這門知識，同時也謝謝讓我得以學習仁神術、並且能持續學習的導師。

謝謝我父親厄溫·韋柏（Erwin Weber）繪製狗兒插圖。還有，不管是人還是狗兒，感謝本書所有模特兒的支持與耐性：湯雅與她的狗兒達爾文，阿涅特與她的凱蒂、桑雅與她的克努特，以及我的女兒亞娜、米拉、薩瑪雅與露西亞以及希拉。

特別感激所有毫不猶豫施作、分享與傳遞仁神術的朋友，你們時時提醒了自己與他人，我們本身就蘊含著最偉大的珍寶。